Armin Täubner

Blüte an Blüte

Blumen-Bandornamente aus Tonpapier

frechverlag

Von dem bekannten Autor Armin Täubner sind im frechverlag zahlreiche weitere Bücher erschienen. Hier eine Auswahl:

TOPP 2092

TOPP 1443

TOPP 2091

TOPP 2096

TOPP 2142

TOPP 1916

Fotos: frechverlag GmbH + Co. Druck KG, 70499 Stuttgart; Birgitt Gutermuth

Auflage: 5. 4. 3. | Letzte Zahlen
Jahr: 2001 2000 1999 98 97 | maßgebend

frechverlag GmbH + Co. Druck KG, 70499 Stuttgart

ISBN 3-7724-2143-1 · Best.-Nr. 2143
Druck: frechverlag GmbH + Co. Druck KG, 70499 Stuttgart

Blumen verbreiten das ganze Jahr über eine angenehme Atmosphäre. Im Frühling und im Sommer, wenn draußen alles grünt und blüht, können Sie mit diesen bunten Blumenornamenten einen zusätzlichen Blickfang an Ihr Fenster holen. Weitere Akzente setzen Vögel, Schmetterlinge und Käfer, die sich zwischen und auf den Blütengirlanden tummeln. Im Herbst und im Winter kann es dann in der Wohnung weiterblühen.

Die Faltbänder sind auch eine Zierde auf Tisch und Schrank, Regal und Fensterbank, denn die meisten Bänder können sowohl aufgehängt als auch aufgestellt werden. Und durch Aneinanderreihen lassen sich die Bandornamente beliebig verlängern.

Neben bekannten Blumen- und Blütenformen wachsen auch Phantasieblumen auf Zweigen, Ranken und Reben, aus Töpfen und Trögen.

Schritt-für-Sch

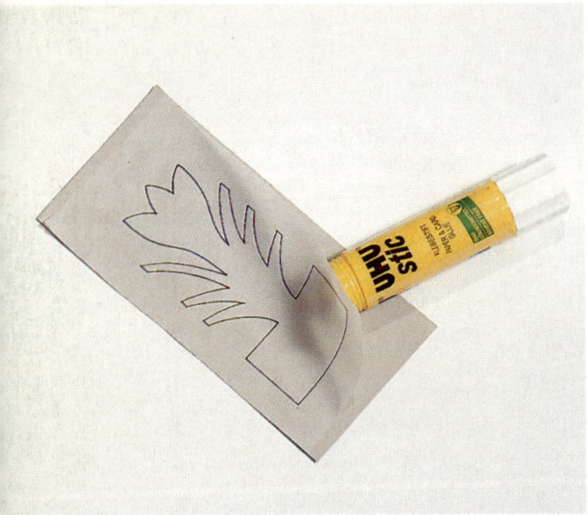

1 Übertragen Sie das ausgewählte Motiv vom Vorlagenbogen mit Bleistift und Lineal auf Transparentpapier. Das abgepauste Motiv wird dann auf einen dünnen Karton geklebt.

2 Schneiden Sie nun das Motiv exakt mit dem Cutter aus; achten Sie dabei auf eine geeignete feste Schneideunterlage.

3 Die so entstandene Schablone wird auf einen Tonpapierstreifen der gewünschten Farbe gelegt. Danach übertragen Sie den Umriß mit einem Bleistift. Wichtig dabei ist, daß die Unterkante des Motivs und die Unterkante des Tonpapierstreifens eine Linie bilden.

Tip: Die Vögel, Schmetterlinge und Käfer können Sie als zusätzliche Farbtupfer für Ihre Blütenbänder beliebig arrangieren.

leitung

4 An der linken Außenkante des Motivs falten Sie den Papierstreifen das erste Mal nach hinten. Ziehharmonikaartig wird dann der ganze Papierstreifen aufgefaltet. Richten Sie sich beim Falten zuerst an der Unterseite aus, d.h. nach allen Faltungen sollten die Unterkanten noch genau übereinander liegen. Das Motiv liegt dann oben. Durch leichtes Anritzen mit Lineal und Cutter läßt sich der Papierstreifen leichter und exakter falten.

5 Zur besseren Stabilität klammern Sie die Papiere außerhalb des Motivs zusammen.

6 Je weniger oft das Ornament gefaltet ist, desto einfacher ist das Ausschneiden. Beginnen Sie also am besten mit weniger Faltungen!
Bei vielen übereinanderliegenden Blättern sollten Sie unbedingt zum Cutter greifen – er bietet sich für feine Schnitte im Inneren ohnehin eher an als eine Schere!

Wie Sie bei einigen Motiven sehen, können Sie Gefäße, Rahmen etc. weglassen (gestrichelte Linien der Vorlage oder nur eine Hälfte der Vorlage verwenden), dann ergibt sich ein anderes Bild.

Frühlingssträuße

Veilchen am laufenden Band

Frühlingsidylle mit Häschen

Osterglocken mit Besuch

Frühlingsgrüße im Körbchen

Ein Tulpenmeer

Glockenblumen

Leberblümchen

Weiße Sommerblumen

Blüten rund eingerahmt

Phantasieblumen

Blütenband in Grün

Exotische Blütenbänder

Schwertlilien

Mit und ohne Blumentopf

Zimmerkalla

Maiglöckchen

Blütenornamente mit Schmetterlingen

Fuchsienpracht

Krokusse

Blütenphantasie

Blütensterne

Rote Glockenblüten

Blüte an Blüte

Glockenblumen in Weiß und Gelb

Blütentraum in Weiß